刘薰宇 ◎ 著

数学
真有趣儿
③

分数其实很简单

民主与建设出版社
·北京·

前　言

　　本书是著名的数学教育家刘薰宇，针对孩子们在学习中所需要掌握的数学知识，专门为孩子们编写的一套数学科普经典图书。本书内容丰富，作者用幽默风趣的文字和对数学的严谨态度，讲述了和差问题、差倍问题、和倍问题、工程问题、相遇问题、追及问题、时钟问题、年龄问题、工程问题、利润和折扣问题、流水问题、列车过桥问题、植树问题等典型数学应用题问题，以及系统地阐述了函数、连续函数、诱导函数、微分、积分和总集等概念及它们的运算法的基本原理，引导孩子了解数学，明白学习数学的意义，点燃孩子学习数学的热情。

　　此外，本书中搜集了许多经典的趣味数学题目，如鸡兔同笼、韩信点兵等，以及大量贴近日常生活的案例，作者通过大量图表，步骤详尽地讲述了如何通过作图来求解一些四则运算问题，既开拓了孩子的思维，

又提升了数学学习能力！这样一来，看似枯燥的数学变得趣味十足，孩子能在轻松阅读的过程中，做到真正掌握数学，所以本书非常适合中小学生自主阅读。

在学习中，让孩子对学习充满热情远比强迫孩子去记住某一知识点更重要。为了更好地呈现刘薰宇先生原著的魅力，本书结合现今孩子的阅读习惯，进行了重新编绘。

首先，本书版式精美，形式活泼，加入了富有趣味性的插画，增加孩子阅读的兴趣；其次，我们在必要的地方，精心设计了"知识归纳""知识拓展""例题思考""小问题"等多个板块，引导孩子快速获取本节的重点；最后，本书的内容难易适度，与孩子在学习阶段的教学基本内容紧密相关，让孩子在快乐阅读中不仅能巩固数学知识，还能运用数学中的知识去解决生活中遇到的一些问题。

总之，本书的最终目的和宗旨就是为了让孩子能更轻松愉快地学好数学。

好了，不多说了，快来翻开这本书吧！让我们随着《数学真有趣儿》，开启充满乐趣的数学之旅吧！

目　录

第四，分数怎样相加减？

• 例四

求 $\frac{3}{4}$ 和 $\frac{5}{12}$ 的和与差。

异分母分数的加减法需要先通分。

$$\frac{3}{4}+\frac{5}{12}=$$

$$\frac{3}{4}-\frac{5}{12}=$$

总是要画图的，马先生写完题以后，我就将表示 $\frac{3}{4}$ 和 $\frac{5}{12}$ 的两条直线 OA 和 OB 画好——图1。

"异分母分数的加减法，你们都已知道了吧？"马先生问。

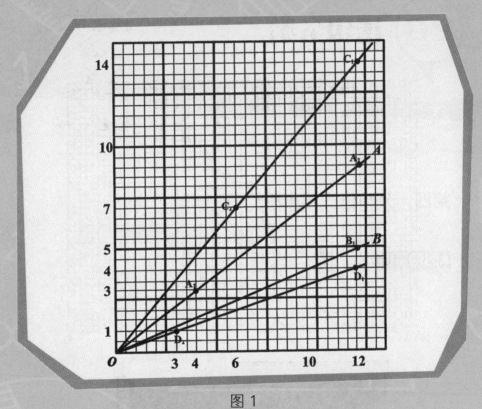

图 1

"先通分！"周学敏回答。

"为什么要通分呢？"

"因为把分数看成许多小单位集合成的，单位不同的数，不能相加减。"周学敏加以说明。

"对的！那么，现在我们怎样在图上将这两个分数相加减呢？"

"两个分数的最小公分母是12，通分以后，$\frac{3}{4}$ 变成 $\frac{9}{12}$，A_2 所表示的；$\frac{5}{12}$ 还是 $\frac{5}{12}$，B_1 所表示的。在 12 这条纵线上，从 A_2 起加上 5，得 C_1（A_2C_1 等于 $12B_1$），OC_1 这条直线就表示所求的和 $\frac{9}{12}$。"王有道回答。

与"和"的做法相反，"差"的做法我也明白了。从 A_2 起向下截去 5，得 D_1，OD_1 这条直线，就表示所求的差 $\frac{4}{12}$。

"OC_1 和 OD_1 这两条直线所表示的分数，最左的一个各是什么？"马先生问。

一个是 $\frac{7}{6}$，C_2 所表示的。一个是 $\frac{1}{3}$，D_2 所表示的。这个说明了什么呢？马先生指示我们，就是在算术中，加得的和，如 $\frac{14}{12}$，同着减得的差，如 $\frac{4}{12}$，可约分的时候，都要约分。

而在这里，只要看最左的一个分数就行了，真便当！

21 三态之一：几分之几

分数的三大类应用问题

马先生说，分数的应用问题，大体看来，可分成三大类：

第一，和整数的四则问题一样，不过有些数目是分数罢了——以前的例子中已有过，即如"大小两数的和是$1\frac{1}{10}$，差是$\frac{2}{5}$，求两数。"——当然，这类题目，用不到再讲了。

第二，和分数性质有关。这样的题目，"万变不离其宗"，归根到底，不过三种形态：

（1）知道两个数，求一个数是另一个数的几分之几。

（2）知道一个数，求它的几分之几是什么。

（3）知道一个数的几分之几，求它是什么。

若用 a 表示一个分数的分母，b 表示分子，m 表示它的值，那么：

$$m = \frac{b}{a}$$

（1）是知道 a 和 b，求 m。

（2）求一个数 n 的 $\dfrac{b}{a}$ 是多少。

（3）一个数的 $\dfrac{b}{a}$ 是 n，求这个数。

第三，单纯是分数自身的变化。如"有一分数，其分母加1，可约为 $\dfrac{3}{4}$；分母加2，可约为 $\dfrac{2}{3}$，求原数"。

这次，马先生所讲的，就是第二类中的（1）。

　　把一颗骰子连掷三十六次，正好出现六次红，再掷一次，出现红的概率是多少？

　　"这个题的意思，是就三十六次中出现六次说，看它占几分之几，再用这个数来预测下次的几率。——这种计算，叫概率。"马先生说。

　　纵线36横线6的交点是A，连OA，这直线就表示所求的分数，$\frac{6}{36}$。它可被约分成$\frac{3}{18}$、$\frac{2}{12}$、$\frac{1}{6}$，和$\frac{4}{24}$、$\frac{5}{30}$都等值，最简的一个就是$\frac{1}{6}$。

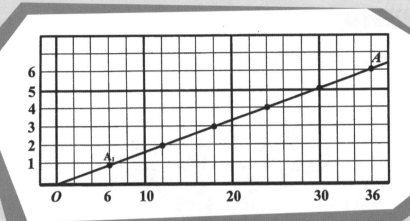

图 2

$$\frac{3}{18} = \frac{2}{12} = \frac{4}{24} = \frac{5}{30} = \frac{1}{6}$$

酒精三升半同水五升混合成的酒，酒精占多少？

　　骨子里，本题和前一题，没有什么两样，只分母——横线上——需取 3.5 + 5=8.5 这一点。这一点的纵线和 3.5 这点的横线相交于 A。连 OA，得表示所求的分数的直线。但直线上，从 A 向左，找不出简分数来。

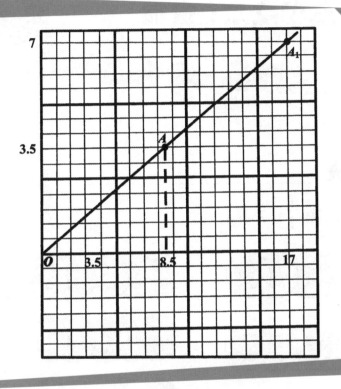

图 3

若将它适当地引长到 A_1，则得最简分数 $\dfrac{7}{17}$。用算术上的

方法计算，便是：

$$\frac{3.5}{3.5+5} = \frac{3.5}{8.5} = \frac{35}{85} = \frac{7}{17}$$

三态之二：求偏

• 例一

求 35 元的 $\frac{1}{7}$、$\frac{3}{7}$ 各是多少。

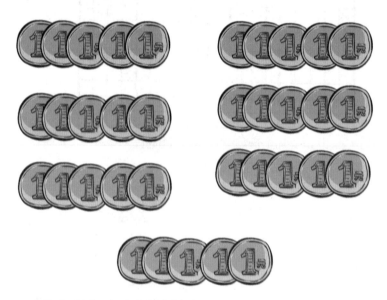

"你们觉得这个问题有什么困难吗？"马先生问。

"分母是一个数，分子是一个数，35 元又是一个数，一共三个数，怎样画呢？"我感到的困难就在这一点。

"那么，把分数就看成一个数，不是只有两个数了吗？"马先生说，"其实在这里，还可直截了当地看成一个简单的

10

除法和乘法的问题。你们还记得我所讲过的除法的画法吗？"

"记得！任意画一条 OA 线，从 O 起，在外面取等长的若干段……（参看图4和它的说明。）"我还没有说完，马先生就接了下去："在这里，假如我们用横线（或纵线）表元数，就可以用纵线（或横线）当任意直线 OA。就本题说，任取一小段作 $\frac{1}{7}$，依次取 $\frac{2}{7}$、$\frac{3}{7}$，直到 $\frac{7}{7}$ 就是1——也可以先取一长段作1，就是 $\frac{7}{7}$，再把它分成7个等份——这样一来，要求35元的 $\frac{1}{7}$，怎样做法？"

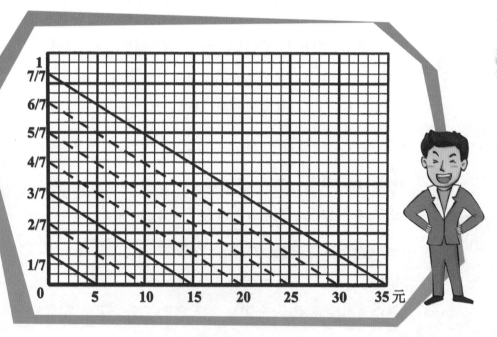

图4

"先连 1 和 35，再过 $\frac{1}{7}$ 画它的平行线，和表示元数的线交于 5，就是表明 35 元的 $\frac{1}{7}$ 是 5 元。"周学敏说道。

毫无疑问，过 $\frac{3}{7}$ 这一点照样作平行线，就得 35 元的 $\frac{3}{7}$ 是 15 元。若我们过 $\frac{2}{7}$、$\frac{4}{7}$……也作同样的平行线，则 35 元的 $\frac{1}{7}$、$\frac{2}{7}$、$\frac{3}{7}$……都能一目了然了。

马先生进一步指示我们：由本题看来，$\frac{1}{7}$ 是 5 元，$\frac{2}{7}$ 是 10 元，$\frac{3}{7}$ 是 15 元，$\frac{4}{7}$ 是 20 元……以至于 $\frac{7}{7}$（全数）是 35 元。可知，若把 $\frac{1}{7}$ 作单位，$\frac{2}{7}$、$\frac{3}{7}$、$\frac{4}{7}$……相应地就是它的 2 倍、3 倍、4 倍……所以我们若把倍数的意义看得宽一些，分数的问题，本源上，和倍数的问题，没有什么差别。——真的！求 35 元的 2 倍、3 倍……和求它的 $\frac{2}{7}$、$\frac{3}{7}$……都同样用乘法：

$$35^{元} \times 2 = 70^{元}, \quad 35^{元} \times 3 = 105^{元}（倍数）$$
$$35^{元} \times \frac{2}{7} = 10^{元}, \quad 35^{元} \times \frac{3}{7} = 15^{元}（分数）$$

广义的数

归结一句：知道一个数，要求它的几分之几，和求它的多少倍一样，都是用乘法。

华民有 48 元，将 4 分之 1 给他的弟弟；他的弟弟将所得的 3 分之 1 给小妹妹，每个人分别有多少元？各人所有的是华民原有的几分之几？

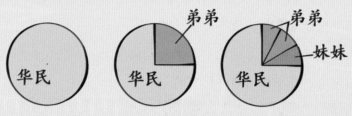

本题的面目虽然和前一题略有不同，但也不过面目不同而已。追本溯源，却没有什么差别。OA 表示全数（或说整个儿，或说 1，都是一样）。OB 表示 48 元。OC 表 $\frac{1}{4}$。CD

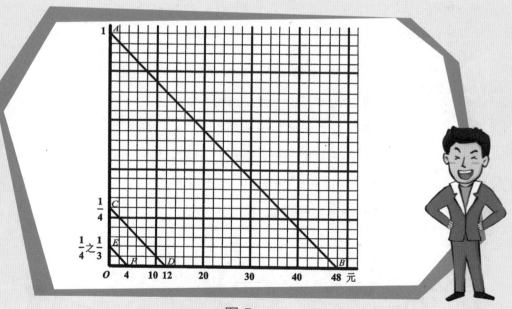

图 5

平行于 AB。OE 表示 OC 的 $\frac{1}{3}$，EF 平行于 CD，自然也就平行于 AB——这是图 5 的作法。

> D 指 12 元，是华民给弟弟的。OB 减去 OD 剩 36 元，是华民分给弟弟后所有的。
>
> F 指 4 元，是华民的弟弟给小妹妹的。OD 减去 OF，剩 8 元，是华民的弟弟所有的。

他们所有的依次是：36 元、8 元、4 元，合起来正好 48 元。

至于各人所有的对于华民原有的说，依次是 $\frac{3}{4}$、$\frac{2}{12}$ 即 $\frac{1}{6}$，和 $\frac{1}{12}$。

这题的算法是：

> $48^{元} \times \frac{1}{4} = 12^{元}$ —— 华民给弟弟的。
>
> $48^{元} - 12^{元} = 36^{元}$ —— 华民给弟弟后所有的
>
> $12^{元} \times \frac{1}{3} = 4^{元}$ —— 弟弟给小妹妹的。
>
> $12^{元} - 4^{元} = 8^{元}$ —— 弟弟所有的。
>
> $1 - \frac{1}{4} = \frac{3}{4}$ —— 华民的。
>
> $\frac{1}{4} \times \frac{1}{3} = \frac{1}{12}$ —— 小妹妹的。
>
> $\frac{1}{4} - \frac{1}{4} \times \frac{1}{3} = \frac{1}{12} = \frac{1}{6}$ —— 弟弟的。

· 例三

某人存 90 元，每次取余存的 $\frac{1}{3}$，连取 3 次，每次取出多少，还剩多少？

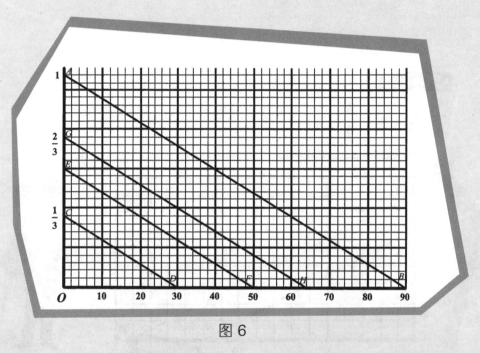

图 6

这个问题，参照前面的来，当然很简单。大概也是因为如此，马先生才留给我们自己做。我只将图画在这里，作为参考。其实只是一个连分数的问题——D 指示第一次取 30 元，F 指示第二次取 20 元，H 指示第三次取 $13\frac{1}{3}$ 元。所剩的是 HB，$26\frac{2}{3}$ 元。

23 三态之三：求全

•例一

什么数的 $\dfrac{3}{4}$ 是 12 ？

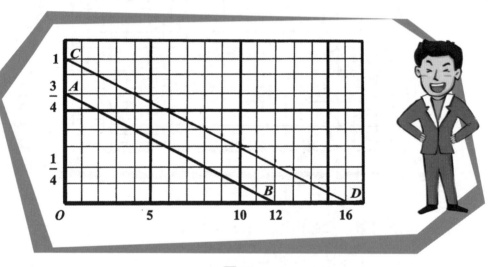

图 7

"这是知道了某数的部分，而要求它的整个儿，和前一种正相反。所以它的画法，不用说，只是将前一种方法反其道而行了。"马先生说。

"横线表示数，这用不到说，纵线表分数，$\dfrac{3}{4}$ 怎样画法？"

"先任取一长段作 1，再将它 4 等分，就可得 $\frac{1}{4}$、$\frac{2}{4}$、$\frac{3}{4}$ 各点。"一个同学说。

"这样的办法，对是对的，不过不便捷。"马先生批评道。

"先任取一小段作 $\frac{1}{4}$，再连续次第取等长表示 $\frac{2}{4}$、$\frac{3}{4}$……"周学敏说。

这样画比较便捷。

"这就比较便当了。"说完，马先生在 $\frac{3}{4}$ 的那一点标一个 A，12 那点标一个 B，又在 1 那点标一个 C，"这样一来，怎样画法？"

"先连结 AB，再过 C 作它的平行线 CD。D 点指示的是 16——它的 $\frac{1}{4}$ 是 4，它的 $\frac{3}{4}$ 正好是 12，就是所求的数。"

依照求偏的样儿，把"倍数"的意义看得广泛一点，这类题的计算法，正和知道某数的倍数，求某数一般无异，都应当用除法。

例如，某数的 5 倍是 105，则：

某数 $=105 \div 5=21$。

而本题，某数的 $\frac{3}{4}$ 是 12，所以：

某数 $=12 \div \frac{3}{4}=12 \times \frac{4}{3}=16$

• 例二

某数的 $2\frac{1}{3}$ 是 21，某数是多少？

本题和前一题可以说完全相同，由它更可看出"知偏求全"与知道倍数求原数一样。

图中 AB 和 CD 两条直线的作法，和前题相同，D 指示某数是 9 ——它的 2 倍是 18，它的 $\frac{1}{3}$ 是 3，它的 $2\frac{1}{3}$ 正好是 21。

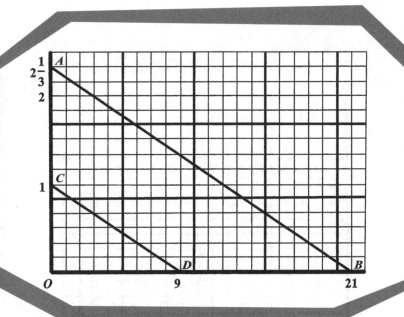

图 8

这题的计算法，是这样：

$$21\div2\frac{1}{3}=21\frac{7}{3}=21\times\frac{7}{3}=9$$

• 例三

何数的 $\frac{1}{2}$ 与 $\frac{1}{3}$ 的和是 15 ？

"本题的要点是什么？"马先生问。

"先看某数的 $\frac{1}{2}$ 与它的 $\frac{1}{3}$ 的和，是它的几分之几。"王有道回答。

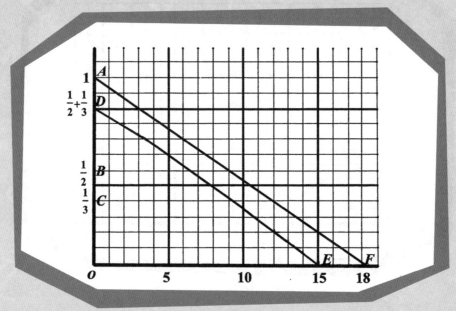

图 9

图 9 是周学敏作的。先取 OA 作 1，次取它的 $\frac{1}{2}$ OB，和 $\frac{1}{3}$ OC。再把 OC 加到 OB 上得 OD，BD 自然是 OA 的 $\frac{1}{3}$。所以 OD 就是 OA 的 $\frac{1}{2}$ 与 $\frac{1}{3}$ 的和。

连 DE，作 AF 平行于 DE，F 指明某数是 18。

计算法是：

$$15 \div \left(\frac{1}{2} + \frac{1}{3} \right) = 15 \div \frac{5}{6} = 15 \times \frac{6}{5} = 18$$

OE	OB	OC(BD)	OD	OF

20

何数的 $\dfrac{2}{7}$ 与 $\dfrac{1}{5}$ 的差是 6？

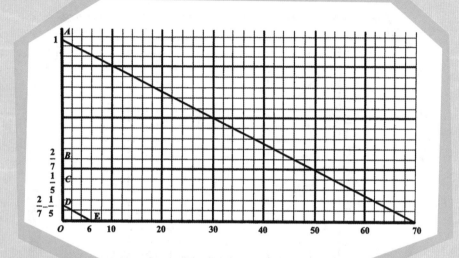

图 10

和前题相比较，只是"和"换成"差"，这一点不同。

所以它的作法也只有从 OB 减去 OC，得 OD 表示 $\dfrac{2}{7}$ 和 $\dfrac{1}{5}$ 的差，

这一点不同。F 指明所求的数是 70。计算法是这样：

$$6 \div \left(\dfrac{2}{7} - \dfrac{1}{5} \right) = 6 \div \dfrac{3}{35} = 6 \times \dfrac{35}{3} = 70$$

$$\vdots \qquad \vdots \quad \vdots \qquad \vdots \qquad\qquad \vdots$$

OE   OB OC(BD)   OD   OF

某人费去存款的 $\frac{1}{3}$，后又费去所余的 $\frac{1}{5}$，还存 16 元，他原来的存款是多少？

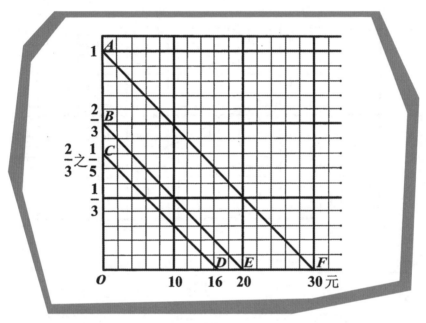

图 11

"这题的图的作法，第一步，可先取一长段 OA 作 1，然后减去它的 $\frac{1}{3}$，怎样减法？"马先生问。

"把 OA 三等分，从 A 向下取 AB 等于 OA 的 $\frac{1}{3}$，OB 就表示所剩的。"我回答。

"不错！第二步呢？"

"从 B 向下取 BC 等于 OB 的 $\frac{1}{5}$，OC 就表示第二次取后所剩的。"周学敏回答。

"对！ *OC* 就和 *OD* 所表示的 16 元相等了。你们各自把图作完吧！"马先生吩咐。

自然，这又是老法子：连 *CD*，作 *BE*、*AF* 和它平行。*OF* 所表示的 30 元，就是原来的存款。由这图上，还可看出，第一次所取的是 10 元，第二次是 4 元。看了图后计算法自然可以得出：

$$16^{\,\overline{元}} \div \left[1 - \frac{1}{3} - \left(1 - \frac{1}{3}\right) \times \frac{1}{5}\right] = 16^{\,\overline{元}} \div \frac{8}{15} = 30^{\,\overline{元}}$$

$$\vdots \qquad \vdots \qquad \vdots \qquad \vdots \qquad\qquad\qquad \vdots \qquad \vdots$$

$$\text{OD} \qquad \text{OA} \quad \text{AB} \qquad \text{OB} \qquad\qquad\qquad \text{OC} \quad \text{OF}$$

•例六

有一桶水，漏去 $\frac{1}{3}$，汲出 2 斗，还剩半桶，这桶水原来是多少？

"这个题，画图的话，不是很顺畅，你们能把它的顺序更改一下吗？"马先生问。

"题上说，最后剩的是半桶，由此可见漏去和汲出的也是半桶，先就这半桶来画图好了。"王有道回答。

图 12

"这个办法很不错，虽然看似已把题目改变，实质上却一样。"马先生说，"那么，作法呢？"

"先任取 OA 作 1。截去一半 AB，得 OB，也是一半。三等分 AO 得 AC。从 BO 截去 AC 得 D，OD 相当于汲出的水 2 斗……"王有道说到这里，我已知道，以下自然又是老法门，连 DE，作 AF 和它平行。F 指出这桶水原来是 12 斗。——先漏去 $\frac{1}{3}$ 是 4 斗，后汲去 2 斗，只剩 6 斗，恰好半桶。

算法是：

$$2^{斗} \div (1 - \frac{1}{2} - \frac{1}{3}) = 2^{斗} \div \frac{1}{6} = 12^{斗}$$

$$\vdots \qquad \vdots \quad \vdots \quad \vdots \qquad \vdots \quad \vdots$$

$$\text{OE} \qquad \text{OA} \quad \text{BA} \quad \text{BD（AC）} \qquad \text{OD} \quad \text{OF}$$

•例七

有一段绳，剪去 9 尺，余下的部分比全长的 $\frac{3}{4}$ 还短 3 尺，求这绳原长多少？

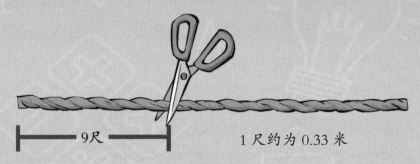

9尺   1 尺约为 0.33 米

这个题，不过有个小弯子在里面，一经马先生这样提示："少剪去 3 尺，怎样？"我便明白作法了。

图 13，OB 表示剪去的 9 尺。BC 是 3 尺。若少剪 3 尺，则剪去的便只是 OC。从 C 往右正是全长的 $\frac{3}{4}$。OA 表 1，AD

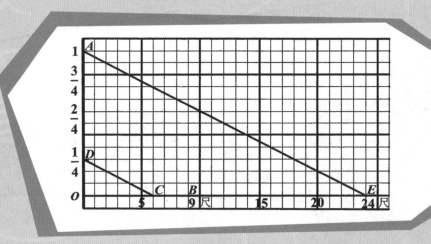

图 13

是 OA 的 $\frac{3}{4}$。连 DC，作 AE 和它平行。E 指明这绳原来是 24

尺。它的 $\frac{3}{4}$ 是 18 尺。它被剪去了 9 尺，只剩 15 尺，比 18 尺

恰好差 3 尺。

经过这番作法，算法也就很明白了：

$$(9^{尺} - 3^{尺}) \div (1 - \frac{3}{4}) = 6^{尺} \div \frac{1}{4} = 24^{尺}$$

$$\vdots \quad \vdots \qquad \vdots \quad \vdots \qquad \vdots \quad \vdots$$

OB　CB　　OA　DA　　OC　OD

• 例八

把 36 分成甲、乙、丙三部分，甲的 $\frac{1}{2}$ 和乙的 $\frac{1}{3}$ 以及丙的

$\frac{1}{4}$ 都相等，求各数。

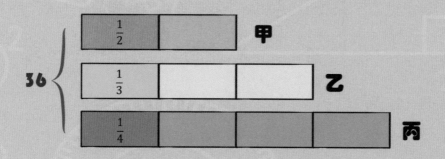

对于马先生的指导，我真要铭感五内了。这个题，在平常，我一定没有办法解答，现在遵照马先生前一题的提示："先不要对着题闷想，还是动手得好。"动起手来。

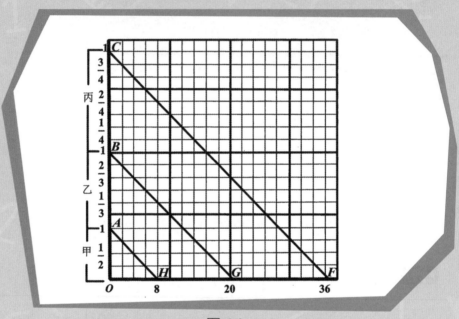

图 14

先取一小段作甲的 $\frac{1}{2}$，取两段得 OA，这就是甲的 1。题目上说乙的 $\frac{1}{3}$ 和甲的 $\frac{1}{2}$ 相等，我就连续取同样的 3 小段，每一段作乙的 $\frac{1}{3}$，得 AB，这就是乙的 1。再取同样的 4 小段，每一段作丙的 $\frac{1}{4}$，得 BC，这就是丙的 1。

连 CF，又作它的平行线 BG 和 AH。OH、HG 和 GF 各表示 8、12、16，就是所求的甲、乙、丙三个数。8 的 $\frac{1}{2}$、

12 的 $\frac{1}{3}$ 和 16 的 $\frac{1}{4}$ 全都等于 4。

至于算法我倒想着无妨别致一点：

$$36 \div \left(\frac{1}{2} \times 2 + \frac{1}{2} \times 3 + \frac{1}{2} \times 4 \right) = 36 \div \frac{9}{2} = 8$$

⋮　　⋮　　　⋮　　　⋮　　　　　⋮　⋮
OF　　OA　　　AB　　　BC　　　　OC　OH（甲）

$$8 \times \underbrace{\frac{1}{2}}_{} \times 3 = 12$$

⋮
甲的 $\frac{1}{2}$，乙的 $\frac{1}{3}$　　HG（乙）

$$8 \times \underbrace{\frac{1}{2}}_{} \times 4 = 16$$

⋮
甲的 $\frac{1}{2}$，丙的 $\frac{1}{4}$　　GF（丙）

• 例九

分 490 元，给赵、钱、孙、李四个人。赵比钱的 $\frac{2}{3}$ 少 30 元，

孙等于赵、钱和，李比孙的 $\frac{2}{3}$ 少 30 元，每人各得多少？

"这个题有点儿麻烦了，是不是？人有四个，条件又啰嗦。你们坐了这一阵，也有点儿疲倦了。我来说个故事，给你们解解闷，好不好？"听到马先生要说故事，大家的精神都为之一振。

照我的说法分，不许争吵。

"话说——"马先生一开口，惹得大家都笑了起来，"从前有一个老头子。他有三个儿子和十七头牛。有一天，他病了，觉得大限快要到了，因为他已经九十多岁了，就叫他的三个儿子到面前来，吩咐他们：

'我的牛，你们三兄弟分，照我的说法去分，不许争吵：老大要 $\frac{1}{2}$，老二要 $\frac{1}{3}$，老三要 $\frac{1}{9}$。'

"不久后老头子果然死了。他的三个儿子把后事料理好以后，就牵出十七头牛来，按照他的要求分。老大要 $\frac{1}{2}$，就只能得八头活的和半头死的。老二要 $\frac{1}{3}$，就只能得五头活的和 $\frac{2}{3}$ 头死的。老三要 $\frac{1}{9}$，只能得一头活的和 $\frac{8}{9}$ 头死的。虽然他们没有争吵，但却不知道怎么分才合适，谁都不愿要死牛。

"后来他们一同去请教隔壁的李太公，他向来很公平，他们很佩服。他们把一切情形告诉了李太公。李太公笑眯眯地牵了自己的一头牛，跟他们去。他说：'你们分不好，我送你们一头，再分好了。'

"他们三兄弟有了十八头牛：老大分 $\frac{1}{2}$，牵去九头；老二分 $\frac{1}{3}$，牵去六头；老三分 $\frac{1}{9}$，牵去两头。各人都高高兴兴地离开。李太公的一头牛他仍旧牵了回去。"

"这叫李太公分牛。"马先生说完，大家又用笑声来回应他。他接着说："你们听了这个故事，学到点儿什么没有？"

　　"……"没有人回答。"你们无妨学学李太公，做个空头人情，来替赵、钱、孙、李这四家分这笔账！"原来，他说李太公分牛的故事，是在提示我们，解决这个题，必须虚加些钱进去。这钱怎样加进去呢？

我送你们一头牛。

第一步，我想到了，赵比钱的 $\frac{2}{3}$ 少 30 元，若加 30 元去给赵，则他得的就是钱的 $\frac{2}{3}$。

不过，这么一来，孙比赵、钱的和又差了 30 元。好，又加 30 元去给孙，使他所得的还是等于赵、钱的和。

再往下看去，又来了，李比孙的 $\frac{2}{3}$ 已不只少 30 元。孙既然多得了 30 元，他的 $\frac{2}{3}$ 就多得了 20 元。李比他所得的 $\frac{2}{3}$，先少 30 元，现在又少 20 元。这两笔钱不用说也得加进去。

虚加进这几笔数后，则各人所得的，赵是钱的 $\frac{2}{3}$，孙是赵、钱的和，而李是孙的 $\frac{2}{3}$，他们彼此间的关系就简明多了。

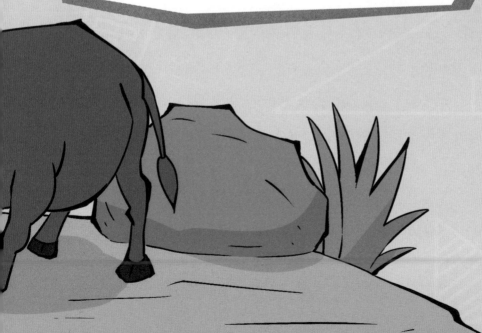

跟着这一堆说明画图已成了很机械的工作。

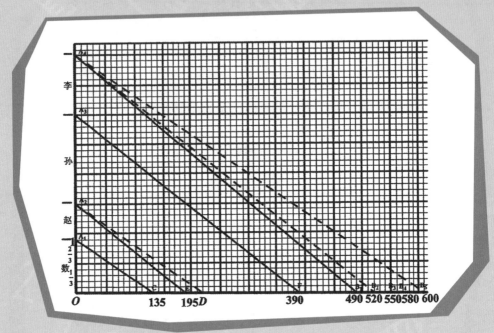

图 15

先取 OA_1 作钱的 1。次取 A_1A_2 等于 OA_1 的 $\frac{2}{3}$，作为赵的。

再取 A_2A_3 等于 OA_2，作为孙的。又取 A_3A_4 等于 A_2A_3 的 $\frac{2}{3}$，作为李的。

在横线上，取 OB_1 表示 490 元。B_1B_2 表示添给赵的 30 元。B_2B_3 表示添给孙的 30 元。B_3B_4 和 B_4B_5 表示添给李的 30 元和 20 元。

连 A_4B_5 作 A_1C 和它平行，C 指 135 元，是钱所得的。

作 A_2D 平行于 A_1C，由 D 减去 30 元，得 E。CE 表示 60

元，是赵所得的。

作 A_3F 平行于 A_2E，EF 表示 195 元，是孙所得的。

作 A_4B_2 平行于 A_3F，由 B_2 减去 30 元，正好得指 490 元的 B_1。FB_1 表示 100 元，是李所得的。

至于计算的方法，由作图法，已显示得非常清楚：

$$\left[490^{\overline{元}}+30^{\overline{元}}+30^{\overline{元}}+\left(30^{\overline{元}}+20^{\overline{元}}\right)\right]\div\left[1+\frac{2}{3}+\left(1+\frac{2}{3}\right)+\left(1+\frac{2}{3}\right)\times\frac{2}{3}\right]$$

$$\vdots \quad\ \vdots \quad\ \ \vdots \quad\ \ \vdots \quad\ \ \vdots \qquad\ \vdots \quad\ \ \vdots \qquad\qquad\ \vdots$$

$$OB_1 \ \ B_1B_2 \ \ B_2B_3 \ \ B_3B_4 \ \ B_4B_5 \quad OA_1 \ A_1A_2 \ A_2A_3 \qquad A_3A_4$$

$$=600^{\overline{元}}\div\frac{40}{9}=135^{\overline{元}} \ \ ——钱所得的。$$

$$\vdots \quad\ \ \ \vdots \quad\ \vdots$$

$$OB_5 \ \ OA_4 \ \ OC$$

$$135^{\overline{元}}\times\frac{2}{3}-30^{\overline{元}}=90^{\overline{元}}-30^{\overline{元}}=60^{\overline{元}} \ \ ——赵所得的。$$

$$\vdots \qquad\ \vdots \qquad\qquad\ \vdots$$

$$CD \quad\ ED \qquad\qquad\ CE$$

$$135^{\overline{元}}+60^{\overline{元}}=195^{\overline{元}} \ \ ——孙所得的。$$

$$\vdots \qquad\ \vdots \qquad\ \vdots$$

$$OC \quad\ CE \quad\ OE(EF)$$

$$195^{\overline{元}}\times\frac{2}{3}-30^{\overline{元}}=100^{\overline{元}} \ \ ——李所得的。$$

$$\vdots \qquad\ \vdots \qquad\ \vdots$$

$$FB_2 \quad\ B_1B_2 \quad\ FB_1$$

弟弟的年纪比哥哥的小 3 岁，而是哥哥的 $\frac{5}{6}$，求各人的年纪。

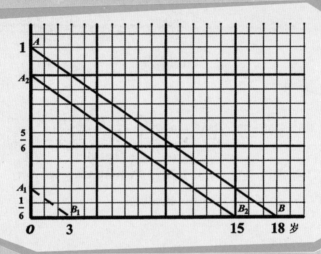

图 16

这题和例六在算理上完全一样。我只把图画在这里，并且将算式写出来。

$$3^{岁} \div \left(1 - \frac{5}{6}\right) = 3^{岁} \div \frac{1}{6} = 18^{岁} \qquad ——哥哥的$$

$$\vdots \qquad \vdots \qquad \vdots \qquad \vdots \qquad \vdots$$

$$OB_1 \quad OA \; A_1A \qquad OA_1 \; OB$$

$$18^{岁} - 3^{岁} \; = \; 15^{岁} \qquad ——弟弟的$$

$$\vdots \qquad \vdots \qquad \vdots$$

$$OB \quad OB_1 \; (B_2B) \quad OB_2$$

某人 4 年前的年纪，是 8 年后的年纪的 $\frac{3}{7}$，求此人现在的年纪。

你知道我现在几岁吗？

8年后的年纪

4年前的年纪

要点！要点！马先生写好了题，就叫我们找它的要点。我仔细揣摩一番，觉得题上所给的是某人 4 年前和 8 年后两个年纪的关系。先从这点下手，自然直接一些。周学敏和我的意见相同，他向马先生陈述，马先生也认为对。由这要点，我得出下面的作图法。

取 OA 表示某人 8 年后的年纪 1。从 A 截去它的 $\frac{3}{7}$，得 A_1，则 OA_1 就是某人 8 年后和 4 年前两个年纪的差，相当于 4 岁（OB_1）加上 8 岁（B_1B_2）得 B_2。

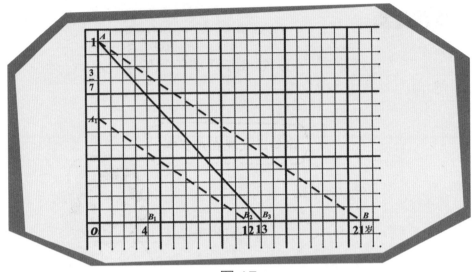

图 17

连 A_1B_2，作 AB 平行于 A_1B_2。B 指的 21 岁，便是某人 8 年后的年纪。

从 B 退回 8 年，得 B_3。它指的是 13 岁，就是某人现在的年纪——4 年前，他是 9 岁，正好是他 8 年后 21 岁的 $\dfrac{3}{7}$。

这一来，算法自然有了：

$$\left(4^{岁}+8^{岁}\right)\div\left(1-\dfrac{3}{7}\right)-8^{岁}=12^{岁}\div\dfrac{4}{7}-8^{岁}=21^{岁}-8^{岁}=13^{岁}$$

$$\vdots \quad \vdots \quad\quad \vdots \quad \vdots \quad\quad \vdots \quad\quad \vdots \quad\quad \vdots \quad\quad \vdots \quad\quad \vdots$$

OB$_1$ B$_1$B$_2$ OA A$_1$A B$_3$B OB$_2$ OA$_1$ B$_3$B OB B$_3$B OB$_3$

甲、乙两校学生共有 372 人，其中男生是女生的 $\frac{35}{27}$。甲校女生是男生的 $\frac{4}{5}$，乙校女生是男生的 $\frac{7}{10}$，求两校学生的数目。

王有道提出这个题，请求马先生指示画图的方法。马先生踌躇一下，这样说："要用一个简单的图，表示出这题中的关系和结果，这是很困难的。因为这个题，本可分成两段看：

前一段是男女学生总人数的关系；后一段只说各校中男女学生人数的关系。既然不好用一个图表示，就索性不用图吧！——现在我们无妨化大事为小事，再化小事为无事。第一步，先解决题目的前一段，两校的女生共多少人？"

这当然是很容易的：

$$372^{人} \div \left(1 + \frac{35}{27}\right) = 327^{人} \div \frac{62}{27} = 162^{人}$$

"男生共多少？"马先生见我们得出女生的人数以后问。

不用说，这更容易了：

$$372^{人} - 162^{人} = 210^{人}$$

"好！现在题目已化得简单一点儿了。我们来做第二步，为了说起来便当一些，我们说甲校学生的数目是甲，乙校学生的数目是乙。——再把题目更改一下，甲校女生是男生的 $\frac{4}{5}$，那么，女生和男生各占全校的几分之几？"

"把甲校的学生看成 1，因为甲校女生是男生的 $\frac{4}{5}$，所以男生所占的分数是：

$$1 \div \left(1 + \frac{4}{5}\right) = 1 \div \frac{9}{5} = \frac{5}{9}$$

女生所占的分数是：

$$1 - \frac{5}{9} = \frac{4}{9}$$

王有道回答完以后，马先生说："其实用不着这样小题大做。题目上说，甲校女生是男生的 $\frac{4}{5}$，那么甲校若有 5 个男生，应当有几个女生？"

　　"4 个。"周学敏说。

　　"好！一共是几个学生？"

　　"9 个。"周学敏又回答。

　　"这不是甲校男生占 $\frac{5}{9}$，甲校女生占 $\frac{4}{9}$ 了吗？——乙校的呢？"

　　"乙校男生占 $\frac{10}{17}$，乙校女生占 $\frac{7}{17}$。"还没等周学敏回答，我就说。

　　"这么一来。"马先生说，"我们可以把题目改成这样了：

　　"——甲的 $\frac{5}{9}$ 同乙的 $\frac{10}{17}$，共是 210（1）；甲的 $\frac{4}{9}$ 和乙的 $\frac{7}{17}$，

共是 162（2）。甲、乙各是多少？"

到这一步，题目自然比较简单了，但是算法，我还是想不清楚。

"再单就（1）来想想看。"马先生说，"化大事为小事，$\frac{5}{9}$ 的分子 5，$\frac{10}{17}$ 的分子 10，同着 210，都可用什么数除尽？"

"5！"两三个人高声回答。

"就拿这个 5 去把它们都除一下，结果怎样？"

"变成甲的 $\frac{1}{9}$，同乙的 $\frac{2}{17}$，共是 42。"王有道回答。

"你们再把 4 去将它们都乘一下看。"

"变成甲的 $\frac{4}{9}$，同乙的 $\frac{8}{17}$，共是 168。"周学敏说。

"把这结果和上面的（2）比较你们应当可以得出计算方法来了。今天费去的时间很久，你们自己去把结果算出来吧！"说完，马先生带着疲倦走出了教室。

对于（1）为什么先用 5 去除，再用 4 去乘，我原来不明白。后来，把这最后的结果和（2）比较一看，这才恍然大悟，原来两个当中的甲都是 $\frac{4}{9}$ 了。先用 5 除，是找含有甲的 $\frac{1}{9}$ 的数，再用 4 乘，便是使这结果所含的甲和（2）所含的相同。相同！相同！甲的是相同了，但乙的还不相同。

转个念头，我就想道：

168 当中，含有 $\frac{4}{9}$ 个甲，$\frac{8}{17}$ 个乙。

162 当中，含有 $\frac{4}{9}$ 个甲，$\frac{7}{17}$ 个乙。

若把它们，一个对着一个相减，那就得：

$$168 - 162 = 6$$

$\frac{4}{9}$ 个甲减去 $\frac{4}{9}$ 个甲，结果没有甲了。

$\frac{8}{17}$ 个乙减去 $\frac{7}{17}$ 个乙，还剩 $\frac{1}{17}$ 个乙。——它正和人数相当。

所以：

$6^人 \div \dfrac{1}{17} = 102^人$——乙校的学生数。

$372^人 - 102^人 = 270^人$——甲校的学生数。

这结果，是否可靠，我有点儿不敢判断，只好检查一下：

$270^人 \times \dfrac{5}{9} = 150^人$——甲校男生，

$270^人 \times \dfrac{4}{9} = 120^人$——甲校女生；

$102^人 \times \dfrac{10}{17} = 60^人$——乙校男生，

$102^人 \times \dfrac{7}{17} = 42^人$——乙校女生。

$150^人 + 60^人 = 210^人$——两校男生，

$120^人 + 42^人 = 162^人$——两校女生。

最后的结果，和前面第一步所得出来的完全一样，看来我用不到怀疑了！

24 显出原形

今天所讲的是前面所说的第三类，单纯关于分数自身变化的问题，大都是在某一些条件下，找出原分数来，所以，我就给它起这么一个标题——显出原形。

"先从前面举过的例子说起。"马先生说了这么一句，就在黑板上写出：

● 例一

有一分数，其分母加 1，则可约为 $\frac{3}{4}$；其分母加 2，则可约为 $\frac{2}{3}$，求原分数。

"有理无理，从画线起。"马先生这样说，就叫各人把表示 $\frac{3}{4}$ 和 $\frac{2}{3}$ 的线画出来。我们只好遵命照办，画 OA 表示 $\frac{3}{4}$，OB 表示 $\frac{2}{3}$。画完后，就束手无策了。

"很简单的事情，往往会向复杂、困难的路上去想，弄得此路不通。"马先生微笑着说，"OA 表示 $\frac{3}{4}$，不错，但

$\frac{3}{4}$ 是哪儿来的呢？我替你们回答吧，是原分数的分母加上 1
来的。假使原分母不加上 1，画出来当然不是 *OA* 了。现在，
我们来画一条和 *OA* 相距 1 的平行线 *CD*。*CD* 若表示分数，
那么，它和 *OA* 上所表示的分子相同的分数，如 *D1* 和 *A1*（分
子都是 3），它们俩的分母有怎样的关系？"

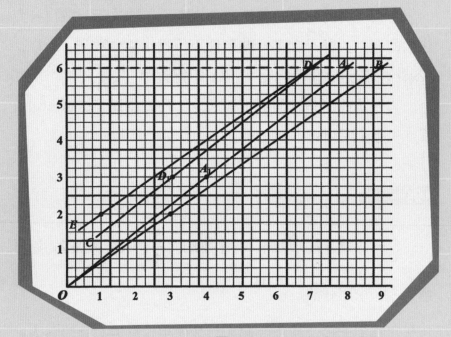

图 18

"相差 1。"我回答。

"这两直线上所有的同分子分数，它们俩的分母间的关
系都一样吗？"

"都一样！"周学敏说。

"可见我们要求的分数总在 *CD* 线上。对于 *OB* 来说又

应当怎样呢？"

"作 ED 和 OB 平行，两者之间相距 2。"王有道回答。

"对的！原分数是什么？"

"$\frac{6}{7}$，就是 D 点所指示的。"大家都非常高兴。

"和它分子相同，OA 线所表示的分数是什么？"

"$\frac{6}{8}$，就是 $\frac{3}{4}$。"周学敏说。

"OB 线所表示的同分子的分数呢？"

"$\frac{6}{9}$，就是 $\frac{2}{3}$。"我说。

"这两个分数的分母与原分数的分母比较有什么区别？"

"一个多1，一个多2。"由此可见，所求出的结果是不容怀疑的了。

这个题的计算法，马先生叫我们这样想：

"分母加上 1，分数变成了 $\frac{3}{4}$，分母是分子的多少倍？"

我想，假如分母不加 1，分数就是 $\frac{3}{4}$，那么，分母当然是分子的 $\frac{4}{3}$ 倍。由此可知，分母是比分子的 $\frac{4}{3}$ 差 1。对了，由第二个条件说，分母比分子的 $\frac{3}{2}$ 少 2。

两个条件拼凑起来，便得：分子的 $\frac{4}{3}$ 和 $\frac{3}{2}$ 相差的是 2 和 1 的差。所以：

$$(2-1) \div \left(\frac{3}{2} - \frac{4}{3} \right) = 1 \div \frac{1}{6} = 6 \quad \text{——分子。}$$

DB DA O9 O8 AB 8-9

$$6 \times \frac{4}{3} - 1 = 8 - 1 = 7 \quad \text{——分母。}$$

某分数，分子减去 1，或分母加上 2，都可约成 $\frac{1}{2}$，原分数是什么？

这个题太有趣了！

$$\frac{(\quad)-1}{(\quad)}=\frac{1}{2}$$

$$\frac{(\quad)}{(\quad)+2}=\frac{1}{2}$$

这个题目，真有些妙！就做法上说：因为分子减去 1 或分母加上 2，都可约成 $\frac{1}{2}$。和前两题比较，表示分数的两条线 OA、OB，当然并成了一条 OA。又因为分子是"减去"1，作 OA 的平行线 CD 时，就得和前题相反，需画在 OA 的上面。然而这么一来，却使我有些迷糊了。依第二个条件所作的线，也就是 CD，方法没有错，但结果呢？

马先生看我们作好图以后，这样问："你们求出来的原分数是什么？"

我真不知道怎样回答，周学敏却回答是 $\frac{3}{4}$。这个答数当然是对的，图中的 E_2 指示的就是 $\frac{3}{4}$，并且分子减去 1，得 $\frac{2}{4}$，分母加上 2，得 $\frac{3}{6}$，约分后都是 $\frac{1}{2}$。但 E_1 所指示的 $\frac{2}{2}$，分子减去 1 得 $\frac{1}{2}$，分母加上 2 得 $\frac{2}{4}$，约分后也是 $\frac{1}{2}$。还有 E_3 所指的 $\frac{4}{6}$，E_4 所指的 $\frac{5}{8}$，都是合于题中的条件的。为什么这个题会有这么多答数呢？

马先生听了周学敏的回答，便问："还有别的答数没有？"

我们你说一个，他说一个，把 $\frac{2}{2}$、$\frac{4}{6}$ 和 $\frac{5}{8}$ 都说了出来。

最奇怪的是，王有道回答一个 $\frac{11}{20}$。不错，分子减去 1 得 $\frac{10}{20}$，

分母加上 2 得 $\frac{11}{12}$，约分以后，都是 $\frac{1}{2}$。我的图，画得小了一点，在上面找不出来。不过王有道的图，比我的也大不了多少，上面也没有指示这一点。他从什么地方得出来的呢？

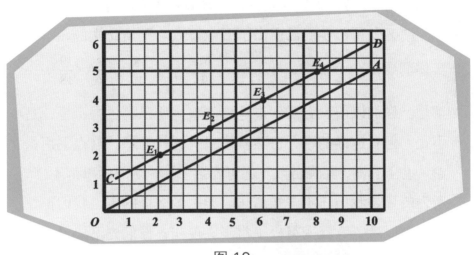

图 19

马先生似乎也觉得奇怪，问王有道："这 $\frac{11}{20}$，你从什么地方得出来的？"

"偶然想到的。"他这样回答。在他也许是真情，在我却感到失望。马先生！马先生！只好静候他来解答这个谜了。

"这个题，你们已说出了五个答数。"马先生说，"其实你们要多少个都有，比如说，$\frac{6}{10}$、$\frac{7}{12}$、$\frac{8}{14}$、$\frac{9}{16}$、$\frac{10}{18}$……都是。你们以前没有碰到过这样的事，所以会觉得奇怪，是不是？但有这样的事，自然就应当有这样的理。这点倒用得着'见怪不怪，其怪自败'这句老话了。一切的怪事都不怪，所怪的只是我们还不曾知道它。无论多么怪的事，我们把它弄明白以后，它就变得极平常了。现在，你们先不要'大惊小怪'的。试把你们和我说过的答数，依着分母的大小，顺次排序。"

遵照马先生的话，我把这些分数排起来，得这样一串：

$$\frac{2}{2}, \frac{3}{4}, \frac{4}{6}, \frac{5}{8}, \frac{6}{10}, \frac{7}{12}, \frac{8}{14}, \frac{9}{16}, \frac{10}{18}, \frac{11}{20}。$$

我马上就看出来：

第一，分母是一串连续的偶数。

第二，分子是一串连续的整数。

照这样推下去，当然 $\frac{12}{22}$、$\frac{13}{24}$、$\frac{14}{26}$……都对，真像马先生所说的"要多少个都有"。我所看出来的情形，大家一样看了出来。马先生问明白大家以后，这样说：

"现在你们可算已看到'有这样的事'了，我们应当进一步来找所以'有这样的事'的'理'。不过你们姑且把这问题先放在一旁，先讲本题的计算法。"

跟着前两个题看下来，这是很容易的。

由第一个条件，分子减去 1，可约成 $\frac{1}{2}$，可见分母等于分子的 2 倍少 2。

由第二个条件，分母加上 2，也可约成 $\frac{1}{2}$，可见分母加上 2 等于分子的 2 倍。

呵！到这一步，我才恍然大悟，感到了"拨云雾见青天"的快乐！原来半斤和八两没有两样。

这两个条件，"分母等于分子的 2 倍少 2"和"分母加上 2 等于分子的 2 倍"，其实只是一个——"分子等于分母的一半加上 1"。

前面所举出的一串分数，都合于这个条件。因此，那一串分数的分母都是"偶数"，而分子是一串连续的整数。这样一来，随便用一个"偶数"做分母，都可以找出一个合题的分数来。例如，用 100 做分母，它的一半是 50，加上 1，是 51，即 $\frac{51}{100}$，分子减去 1，得 $\frac{50}{100}$；分母加上 2，得 $\frac{51}{102}$。约分下来，它们都是 $\frac{1}{2}$。这是多么简单的道理！

假如，我们用"整数的 2 倍"表示"偶数"，这个题的答数，就是这样一个形式的分数：

$$\frac{\text{某整数} + 1}{2 \times \text{某整数}}$$

这个情形，由图上怎样解释呢？我想起了在交差原理中有这样的话：

"两线不止一个交点会怎么样？"

"那就是这题不止一个答案……"

这里，两线合成了一条，自然可说有无穷的交点，而答案也是无数的了。

真的！"把它弄明白以后，它就变得极平常了。"

从 $\frac{15}{23}$ 的分母和分子中减去同一个数，则可约成 $\frac{5}{9}$，求所减去的数。

因为题上说的有两个分数，我们首先就把表示它们的两条直线 OA 和 OB 画出来。A 点所指的就是 $\frac{15}{23}$。题目上说的是从分母和分子中减去同一个数，可约成 $\frac{5}{9}$，我就想到在 OA 的上、下都画一条平行线，并且它们距 OA 相等。——呵！我又走入迷魂阵了！减去的是什么数还不知道，这平行线，怎样画法呢？大家都发现了这个难点，最终还是由马先生来解决。

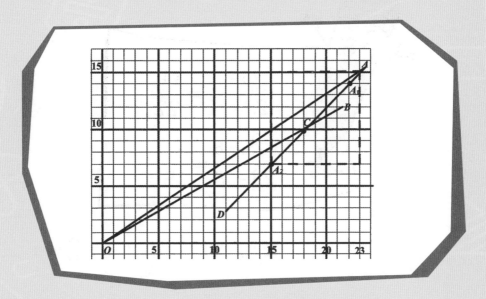

图 20

"这回不能依样画葫芦了。"马先生说,"假如你们已经知道了减去的数,照抄老文章,怎样画法?"

我把我所想到的说了出来。

马先生接着说:"这条路走错了,会越走越黑的。现在你来实验一下。实验和观察,是研究一切科学的初步工作,许多发明都是从实验中产生的。假如从分母和分子中各减去1,得什么?"

"$\frac{14}{22}$。"我回答。

"各减去8呢?"

"$\frac{7}{15}$。"我再答道。

$$\frac{15-1}{23-1}=\frac{14}{22}$$

$$\frac{15-8}{23-8}=\frac{7}{15}$$

"你把这两个分数在图上记出来,看它们和指示$\frac{15}{23}$的 A 点,有什么关系?"

我点出 A_1 和 A_2,一看,它们都在经过小方格的对角线

AD 上。我就把它们连起来，这条直线和 OB 交于 C 点。C 所指的分数是 $\frac{10}{18}$，它的分母和分子比 $\frac{15}{23}$ 的分母和分子都差 5，而约分以后正是 $\frac{5}{9}$。原来所减去的数，当然是 5。结果得出来了，但是为什么这样一画，就可得出来呢？

关于这一点，马先生的说明是这样：

"从原分数的分母和分子中'减去'同一个数，所得的数用'点'表示出来，如 A_1 和 A_2。就分母说，当然要在经过 A 这条纵线的'左'边；就分子说，在经过 A 这条横线的'下'面。并且，因为减去的是'同一个'数，所以这些点到这纵线和横线的距离相等。这两条线可以看成是正方形的两边。正方形对角线上的点，无论哪一点到两边的距离都一样长。反过来，到正方形的两边距离一样长的点，也都在这条对角线上，所以我们只要画 AD 这条对角线就行了。它上面的点到经过 A 的纵线和横线距离既然相等，则这点所表示的分数的分母和分子与 A 点所表示的分数的分母和分子，所差的当然相等了。"

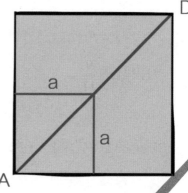

现在转到本题的算法。分母和分子所减去的数相同，换句话说，便是它们的差是一定的。

这一来，就和第八节中所讲的年龄的关系相同了。我们可以设想为：

兄年 23 岁，弟年 15 岁，若干年前，兄年是弟年的 $\frac{9}{5}$（因为弟年是兄年的 $\frac{5}{9}$）。

它的算法便是：

$$15-(23-15)\div\left(\frac{9}{5}-1\right)=15-8\div\frac{4}{5}=15-10=5$$

•例四

有大小两数，小数是大数的 $\frac{2}{3}$。若两数各加 10，则小数为大数的 $\frac{9}{11}$，求各数。

"用这个容易的题目来结束分数四则问题，你们自己先画个图看。"马先生说。

容易！听到"容易"这两个字，反而使我感到有点儿莫名其妙了。我先画 OA 表示 $\frac{2}{3}$，又画 OB 表示 $\frac{9}{11}$。按照题目所说的，小数是大数的 $\frac{2}{3}$，我就把小数看成分子，大数看成

分母，这个分数可约成 $\frac{2}{3}$。两数各加上 10，则小数为大数

的 $\frac{9}{11}$。这就是说，原分数的分子和分母各加上 10，则可约成

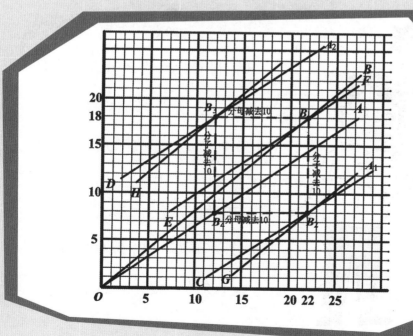

图 21

$\frac{9}{11}$。再在 OA 的右边，相隔 10 作 CA_1 和它平行。又在 OA 的上面，相隔 10 作 DA_2 和它平行。我想 CA_1 表示分母加了 10，DA_2 表示分子加了 10，它们和 OB 一定有什么关系，可以用这关系找出所要求的答案。哪里知道，三条直线毫不相干！容易！我却失败了！

我硬着头皮去请教马先生。他说："这又是'六窍皆通'了。CA_1 既然表示分母加了 10 的分数，再把这分数的分子也加上 10，不就和 OB 所表示的分数相同了吗？"

自然，我听后还是有点儿摸不着头脑。只知道，DA_2 这条线是不必画的。另外，应当在 CA_1 的上边相隔 10 作一条平行线。我将这条线 EF 作出来，就和 OB 有了一个交点 B_1。

它指的分数是 $\frac{18}{22}$，从它的分子中减去 10，得 CA_1 上的 B_2 点，它指的分数是 $\frac{8}{22}$。所以，不作 EF，而作 GB_2 平行于 OB_1，表示从 OB 所表示的分数的分子中减去 10，也是一样。GB_2 和 CA_1 交于 B_2，又从这分数的分母中减去 10，得 OA 上的 B_4 点，它指的分数是 $\frac{8}{12}$。这个分数约

下来正好是 $\frac{2}{3}$。——小数 8，大数 12，就是所求的了。

其实，从图上看来，DA_2 这条线也未尝不可用。EF 也和它平行，在 EF 的左边相隔 10。DA_2 表示原分数的分子加上 10 的分数，EF 就表示这个分数的分母也加上 10 的分数。自然，这也就是 B_1 点所指的分数 $\frac{18}{22}$ 了。从 B_1 的分母中减去 10 得 DA_2 上的 B_3，它指的分数是 $\frac{18}{22}$。由 B_3 指的分数的分子中减去 10，还是得 B_4。本来若不作 EF，而在 OB 的左边相距 10，作 HB_3 和 OB 平行，交 DA_2 于 B_3 也可以。这可真算是左右逢源了。

计算法，倒是容易：

"两数各加上 10，则小数为大数的 $\frac{9}{11}$。"换句话说，便是小数加上 10 等于大数的 $\frac{9}{11}$ 加上 10 的 $\frac{9}{11}$。而小数等于大数的 $\frac{9}{11}$，加上 10 的 $\frac{9}{11}$，减去 10。但由第一个条件说，小数只是大数的 $\frac{2}{3}$。可知，大数的 $\frac{9}{11}$ 和它的 $\frac{2}{3}$ 的差，是 10 和 10 的 $\frac{9}{11}$ 的差。所以：

$$\left(10-10\times\frac{9}{11}\right)\div\left(\frac{9}{11}-\frac{2}{3}\right)=\left(10-\frac{90}{11}\right)\div\left(\frac{9}{11}-\frac{2}{3}\right)$$

$$=\frac{20}{11}\div\frac{15}{33}=12 \qquad\text{——大数}$$

$$12\times\frac{2}{3}=8 \qquad\text{——小数}$$

25 从比到比例

比的意义

"这次我们又要调换一个其他类型的题目了。"马先生进了课堂就说，"我先问你们，什么叫作'比'？"

"'比'就是'比较'。"周学敏回答。

"那么，王有道比你高，李大成比你胖，我比你年纪大，这些都是比较，也就都是你所说的'比'了？"马先生说。

"不是的。"王有道说，"'比'是说一个数或量是另一个数或量的多少倍或几分之几。"

"对的，这种说法是对的。不过照前面我们说过的，若

62

把倍数的意义放宽一些，一个数的几分之几，和一个数的多少倍，本质上没有什么差别。依照这种说法，我们当然可以说，一个数或量是另一个数或量的多少倍，这就称为它们的比。求倍数用的是除法，现在我们将除法、分数和"比"，这三项作一个比较，可得下表：

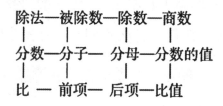

　　"这样一来，'比'的许多性质和计算法，都可以从除法和分数中推出来了。

什么是比例？

　　"比例是什么？"马先生讲明了"比"的意义，停顿了一下，看看大家都没有什么疑问，接着提出这个问题。

　　"四个数或量，若两个两个所成的比相等，就说这四个数或量成比例。"王有道回答。

　　"那么，成比例的四个数，用图线表示是什么情形？"马先生对于王有道的回答，大概是默许了。

　　"一条直线。"我想着，"比"和分数相同，两个"比"

相等，自然和两个分数相等一样，它们应当在一条直线上。

"不错！"马先生说，"我们还可以说，一条直线上的任意两点，到纵线和横线的长总是成比例的。虽然我们现在还没有加以普遍地证明，由前面分数中的说明，无妨在事实上承认它。"接着他又说："四个数或量所成的比例，我们把它叫作简比例。简比例有几种？"

"两种：正比例和反比例。"周学敏回答。

"正比例和反比例有什么不同？"马先生问。

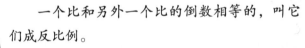

減比例有以下两种：

（1）正比例

（2）反比例

正比例和反比例的区别是：

四个数或量所成的两个比相等的，叫它们成正比例。

一个比和另外一个比的倒数相等的，叫它们成反比例。

"四个数或量所成的两个比相等的，叫它们成正比例。一个比和另外一个比的倒数相等的，叫它们成反比例。"周学敏回答。"反比例，我们暂且放下。单看正比例，你们举一个例子出来看。"马先生说。

"如一个人，每小时走六里路，两小时就走十二里，三小时就走十八里。时间和距离同时变大、变小，它们就成正比例。"王有道说。

"对不对？"马先生问。

"对！——"好几个人回答。我也觉得是对的，不过因为马先生既然提了出来，我想着，一定有什么不妥当了，所以没有说话。

"对是对的，不过欠精密一点儿。"马先生批评说，"譬如，一个数和它的平方数，1和1，2和4，3和9，4和16……都是同时变大、变小，它们成正比例吗？"

"不！"周学敏说，"因为1比1是1，2比4是$\frac{1}{2}$，3比9是$\frac{1}{3}$，4比16是$\frac{1}{4}$……全不相等。"

"由此可见，四个数或量成正比例，不单是成比的两个数或量同时变大、变小，还要所变大或变小的倍数相同。这一点是一般人常常忽略了的，所以他们常常会乱用'成正比例'这个词。比如说，圆周和圆面积都是随着圆的半径一同变大、变小的，但圆周和圆半径成正比例，而圆面积和圆半径就不成正比例。"

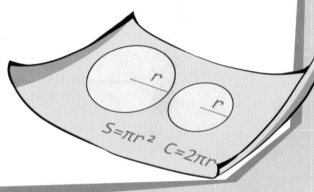

关于正比例的计算，马先生说，因为都很简单，不再举例，他只把可以看出正比例的应用的计算法提出来。

正比例的计算法

第一，关于寒暑表的计算。

●例一

摄氏寒暑表上的 20 度，是华氏寒暑表上的几度？

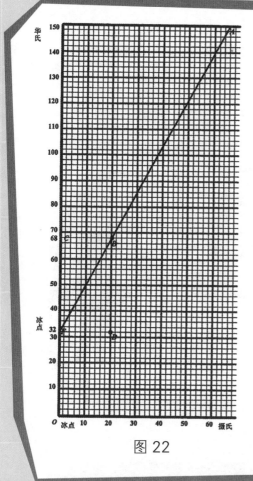

图 22

"这题的要点是什么？"马先生问。

"两种表上的度数成正比例。"周学敏回答。

"还有呢？"马先生又问。

"摄氏表的冰点是零度，沸点是 100 度；华氏表的冰点是 32 度，沸点是 212 度。"一个同学回答。

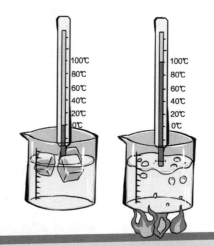

"那么，它们两个的关系怎样用图线表示呢？"马先生问。

这本来没有什么困难，我们想一下就都会画了。纵线表示华氏的度数，横线表示摄氏的度数。因为从冰点到沸点，它们度数的比是：

$$(212 - 32) : 100 = 180 : 100 = 9 : 5$$

所以，从华氏的冰点 F 起，依照纵 9 横 5 的比画 FA 线，表明的就是它们的关系。

从摄氏 20 度，往上看得 B 点，由 B 横看得华氏的 68 度，这就是所求度数。用比例计算是：

$$(212-32):100 = x:20$$
$$\vdots \qquad \vdots \quad \vdots$$
$$\text{OF} \qquad \text{FC} \ \text{OD}$$

$$\therefore x = \frac{212-32}{100} \times 20 = \frac{180}{5} = 36$$
$$36 + 32 = 68$$
$$\vdots \quad \vdots \quad \vdots$$
$$\text{FC} \ \text{OF} \ \text{OC}$$

照四则问题的算法，一般的式子是：

$$华氏度数 = 摄氏度数 \times \frac{9}{5} + 32°$$

要由华氏度数变成摄氏度数，自然是相似的了：

$$摄氏度数 = (华氏度数 - 32°) \times \frac{9}{5}$$

第二，复名数的问题。

对于复名数，马先生说，不同的制度互化，也只是正比例的问题。例如公尺、市尺和英尺的关系，若用图 23 表示出来，那真是一目了然。图中的 *OA* 表示公尺，*OB* 表示英尺，*OC* 表示市尺。3 市尺等于 1 公尺，而 3 英尺——1 码——比 1 公尺还差一些。

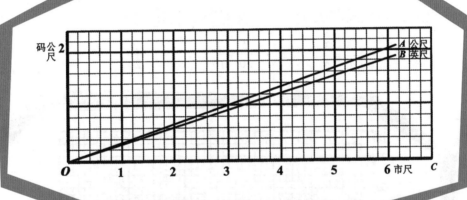

图 23

第三，百分法。

• 例一

通常的 20 磅火药中，有硝石 15 磅，硫黄 2 磅，木炭 3 磅，这三种原料各占火药的百分之几?

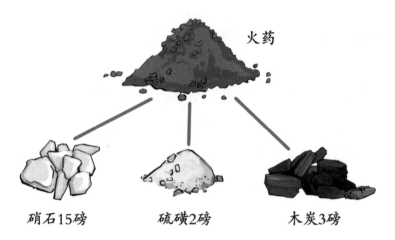

硝石15磅　　　　硫磺2磅　　　　木炭3磅

　　马先生叫我们先把这三种原料各占火药的几分之几计算出来，并且画图表明。这自然是很容易的：

　　硝石：$\frac{15}{20}=\frac{3}{4}$，硫黄：$\frac{2}{20}=\frac{1}{10}$，木炭：$\frac{3}{20}$。

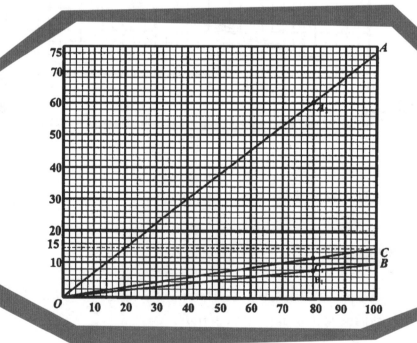

图 24

在图 24 上，OA 表示硝石和火药的比，OB 表示硫黄和火药的比，OC 表示木炭和火药的比。

"将这三个分数的分母都化成一百，各分数怎样？"我们将图画好以后，马先生问。这也是很容易的：

硝石：$\frac{3}{4} = \frac{7}{100}$，硫黄：$\frac{1}{10} = \frac{10}{100}$，木炭 $\frac{3}{20} = \frac{5}{100}$。

这三个分数，就是 A、B、C 三点所指示出来的。

> "百分数，就是分母固定是 100 的分数，所以关于百分数的计算，和分数的以及比的计算也没有什么不同。子数就是比的前项，母数就是比的后项，百分率不过是用 100 做分母时的比值。"马先生把百分法和比这样比较，自然百分法只是比例的应用了。

• 例二

硫黄 80 磅可造多少火药？要掺杂多少硝石和木炭？

这是极容易的题目，只要由图上（图 24）一看就知道了。在 OB 上，B_1 表示 8 磅硫黄，从它往下看，相当于 80 磅火药；往上看，A_1 指示 60 磅硝石，C_1 指示 12 磅木炭。各数变大十倍，便是 80 磅硫黄可造 800 磅火药，要掺杂 600 磅硝石，120 磅木炭。

用比例计算，是这样：

火药：2：80=20 磅：x 磷，x 磷 =800 磷，

硝石：2：80=15 磅：x 磷，x 磷 =600 磷，

木炭：2：80=3 磅：x 磷，x 磷 =120 磷。

若用百分法，便是：

火药：80 磷 ÷10% =80 磷 ÷ $\frac{10}{100}$ =80 磷 × $\frac{100}{10}$ =800 磷。

这是求母数。

硝石：800 磷 ×75% =800 磷 × $\frac{75}{100}$ =600 磷，

木炭：800 磷 ×15% =800 磷 × $\frac{15}{100}$ =120 磷。

这都是求子数。

用比例和用百分法计算，实在没有什么两样。不过习惯了的时候，用百分法比较简单一点罢了。

定价 4 元的书，若加 4 成卖，卖价多少?

这题的作图法，起先我以为很容易，但一动手，就感到困难了。OA 线表示 $\frac{40}{100}$，这，我是会作的。但是，由它只能看出卖价是 1 元加 4 角（A_1），2 元加 8 角（A_2），3 元加 1 元 2 角（A_3）和 4 元加 1 元 6 角（A）。固然，由此可以知道 1 元要卖 1 元 4 角，2 元要卖 2 元 8 角，3 元要卖 4 元 2 角，4 元要卖 5 元 6 角。但这是算出来的，图上找不出。

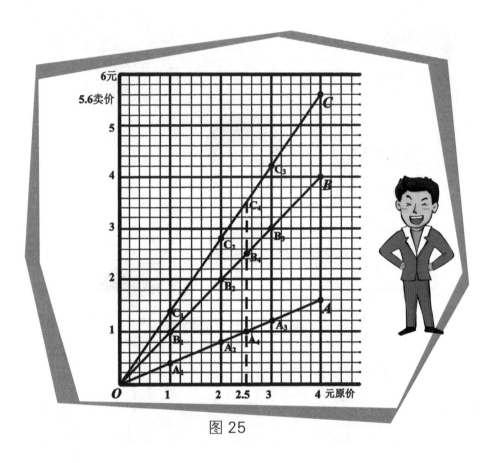

图 25

我照这些卖价作成 C_1、C_2、C_3 和 C 各点，把它们连起来，得直线 OC。由 OC 上的 C_4 看，卖价是 3 元 5 角。往下看到 OA 上的 A_4，加的是 1 元。再往下看，原价是 2 元 5 角。这些都是合题的。线大概是作对了，不过对于作法，我总觉得不可靠。

周学敏和其他两个同学都和我犯同样的毛病，王有道怎样我不知道。他们拿这问题去问马先生，马先生的回答是："你们是想把原价加到所加的价上面去，弄得没有办法了。何妨反过来，先将原价表出，再把所加的价加上去呢？"

原价本来已经很清楚了，在横线上表示得很清楚，怎样再来表示呢？原价！原价！我闷着头想，忽然想到了，要另外表示，是照原价卖的卖价。这便成为1就是1，2就是2，我就作了 OB 线。再把 OA 所表示的往上一加，就成了 OC。OC 仍旧是 OC，这作法却有了根了。

至于计算法，本题求的是母子和。由图上看得很明白，B_1、B_2、B_3……指的是母数；B_1C_1、B_2C_2、B_3C_3……指的是相应的子数；C_1、C_2、C_3……指的便是相应的母子和。即：

母子和 = 母数 + 子数

　　　 = 母数 + 母数 × 百分率

　　　 = 母数（1+百分率）

一加百分率，就是 C_1 所表示的。在本题，卖价是：

$$4^{元} \times （1+0.4）=4^{元} \times 1.40=5.6^{元}$$

•例四

　　上海某公司货物，照定价加二成出卖。运到某地需加运费五成，某地商店照成本再加二成出卖。上海定价五十元的货，某地的卖价是多少?

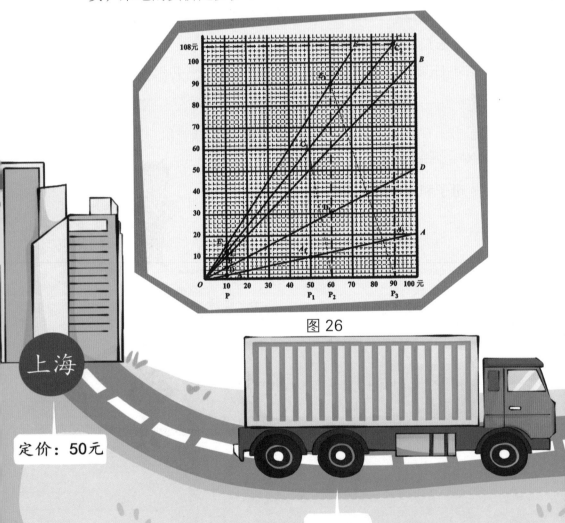

图 26

上海

定价：50元

运费

76

本题只是前题中的条件多重复两次，可以说不难。但我动手作图的时候，就碰了一次钉子。我先作 OA 表示 20% 的百分率，OB 表示母数 1，OC 表示上海的卖价，这些和前题完全相同，当然一点儿不费力。运费是照卖价加五成，我作 OD 表示 50% 的百分率以后，却迷住了，不知怎样将这五成运费加到卖价 OC 上去。要是去请教马先生，他一定要说我"六窍皆通"了。不只我一个人，大家都一样，一边用铅笔在纸上画，一边低着头想。

母数！母数！对于运费来说，上海的卖价不就成了母数吗？"天下无难事，只怕想不通"。这一点想通了，真是再简单不过。将 OD 所表示的百分率，加到 OB 所表示的母数上去，得 OE 线，它所表示的便是成本。

把成本又作母数，再加二成，仍然由 OC 线表示，这就成了某地的卖价。

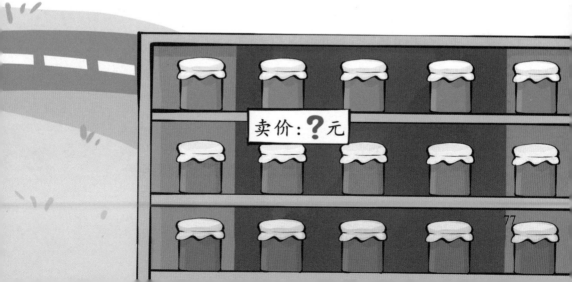

是的！50元（OP_1），加二成10元（P_1A_1），上海的卖价是60元（P_1C_1）。

60元作母数，OP_2加运费五成30元（P_2D_1），成本是90元（P_2E_1）。

90元作母数，OP_3加二成18元（P_3A_2），某地的卖价是108元（P_3C_2）。

我知道了，上海定价50元的货物，某地卖108元。

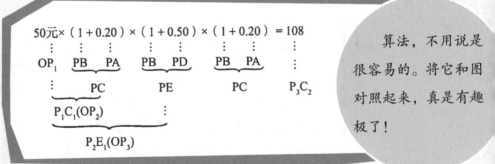

算法，不用说是很容易的。将它和图对照起来，真是有趣极了！

　　某市用十年前的物价做标准，物价指数是150%。现在定价30元的物品，十年前的定价是多少？

　　"物价指数"这是一个新鲜名词，马先生解释道："简单地说，一个时期的物价对于某一定时期的物价的比，叫作物价指数。不过为了方便，作为标准的某一定时期的物价，算是一百。所以，将物价指数和百分比对照：一定时期的物价，便是母数；物价指数便是（x＋百分率）；现时的物价便是母子和。"

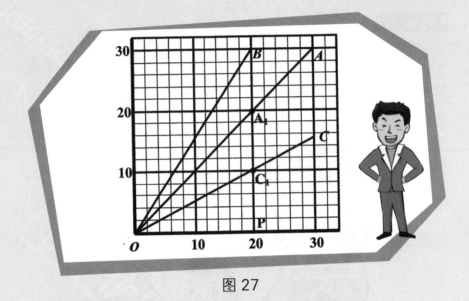

图 27

经过这样一解释，我们已懂得：本题是知道了母子和，与物价指数（1＋百分率），求母数。

先作 OB 表示 1 加百分率，即 150%。再作 OA 表示 1，即 100%。

从纵线 30 那一点，横看到 OB 线得 B 点。由 B 往下看得 20 元，就是十年前的物价。

算法是这样：

$$30 \text{ 元} \div 150\% = 20 \text{ 元}$$

这是由例三的公式可推出来的：

$$母数 = 母子和 \div （1 ＋百分率）$$

定价十五元的货物，按七折出售，卖价是多少？减去多少？

大概是这些例题比较简单的缘故，没有一个人感到困难。一方面，不得不说，由于马先生详加指导，使我们一见到题目，就已经知道找寻它的要点了。一连这几道题，差不多都是我们自己作的，很少倚赖马先生。

本题和例三相似，只是这里是减，那里是加，这一点不同。先作表示百分率（30%）的线 OA，又作表示原价 1 的线 OB。由 PB 减去 PA 得 PC，连结 OC，它所表示的就是卖价。CB 和 PA 相等，都表示减去的数量。图上表示得很清楚，卖价是 10 元 5 角（PC），减去的是 4 元 5 角（PA 或 CB）。

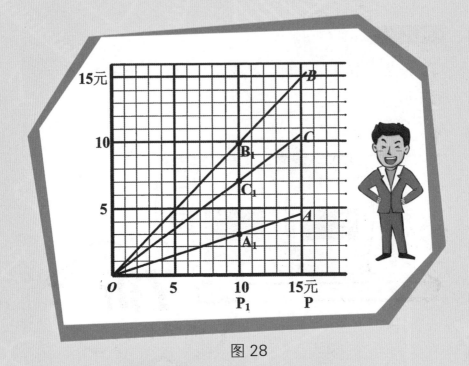

图 28

在百分法中，这是求母子差的问题。由前面的说明，公式很容易得出：

$$母子差 = 母数 \times \left(1 - 百分率\right)$$

$$\vdots \qquad \vdots \qquad \vdots \qquad \vdots$$

$$PC \qquad OP \qquad P_1B_1 \qquad P_1A_1\left(C_1B_1\right)$$

在本题，就是：

$$15^{元} \times \left(1 - 30\%\right) = 15^{元} \times 0.70 = 10.5^{元}$$

八折后再六折和双七折哪一种折去的多？

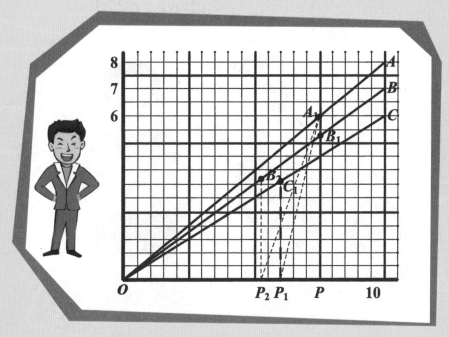

图 29

图中的 OP 表示定价。OA 表示八折，OB 表示七折，OC 表示六折。

OP 八折成 PA_1。将它作母数，就是 OP_1。OP_1 六折，为 P_1C_1。

OP 七折为 PB_1。将它作母数，就是 OP_2。OP_2 再七折，为 P_2B_2。

P_1C_1 比 P_2B_2 短，所以八折后再六折比双七折折去的多。

王成之照定价扣去二成买进的脚踏车，一年后折旧五成卖出，得三十二元，原定价是多少？

这也不过是多绕一个弯儿的问题。

OS_1 表示第二次的卖价 32 元。OA 表示折去五成。OP_1，64 元，就是王成之的买价。用它作子数，即 OS_2，为原主的卖价。

OB 表示折去二成。OP，80 元，就是原定价。

因为求母数的公式是：

$$母数 = 母子差 \div（1 - 百分率）$$

所以算法是：

$$32 ^{元} \div（1-50\%）\div（1-20\%）$$
$$=32 ^{元} \div \frac{50}{100} \div \frac{8}{100}$$
$$=32 ^{元} \times 2 \times \frac{5}{4}$$
$$=80 \ 元$$

第四，单利息。

"一百元，一年付十元的利息，利息占本金的百分之几？"马先生写完了标题问。

"百分之十。"我们一起回答。

"这百分之十,叫作年利率。所谓单利息,是利息不再生利的计算法。两年的利息是多少?"马先生问。

"二十元。"一个同学说。

"三年的呢?"

"三十元。"周学敏答道。

"十年的呢?"

"一百元。"仍是周学敏。

"付利息的次数,叫作期数。你们知道求单利息的公式吗?"

"利息等于本金乘以利率再乘以期数。"王有道说。

"好!这就是单利息算法的基础。它和百分法有什么不同?"

"多一个乘数——期数。"我回答。我也想到它和百分法没有什么本质的差别:本金就是母数,利率就是百分率,利息就是子数。

"所以,对于单利息,用不着多讲,画一个图就可以了。"马先生说。

图一点儿也不难画,因为无论从本金或期数说,利息对它们都是定倍数(利率)的关系。

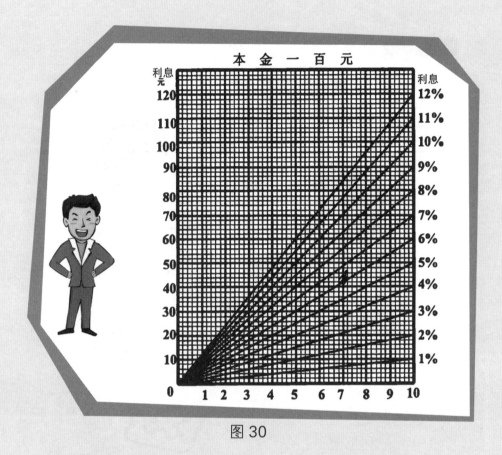

图 30

图 30 中，横线表示年数，从 1 到 10。

纵线表示利息，0 到 120 元。

本金都是 100 元。

表示利率的线共十二条，依次是从年利 1 厘、2 厘、3 厘……到一分、一分一厘和一分二厘。

这表的用法，马先生说，并不只限于检查本金 100 元十年间每年照所标利率的利息。

本金不是 100 元的，也可由它推算出来。

求本金 350 元，年利 6%，7 年间的利息。

本金 100 元，年利 6%，7 年间的利息是 42 元（A）。本金 350 元的利息便是：

$$42^{元} \times \frac{350}{100} = 147^{元}$$

年数不只十年的，也可由它推算出来。并且把年数看成期数，则各种单利息都可由它推算出来。

求本金 400 元，月利 2%，三年的利息。

本金 100 元，利率 2%，十期的利息是 20 元，六期的利息是 12 元，三十期的是 60 元，所以三年（共三十六期）的利息是 72 元。

本金 400 元的利息是：

$$72^{元} \times \frac{400}{100} = 288^{元}$$

利率是图上没有的，仍然可由它推算。

本金 360 元，半年一期，利率 14%，四年的利息是多少？

利率 14% 可看成 12% 加 2%。半年一期，四年共八期。本金 100 元，利率 12%，八期的利息是 96 元，利率 2% 的是 16 元，所以利率 14% 的利息是 112 元。

本金 360 元的利息是：

$$122^{元} \times \frac{360}{100} = 403.2^{元}$$

这些例题都是很简明的，真是"运用之妙，存乎一心"了！

26 这要算不可能了

"从来没有碰过钉子，今天却要大碰特碰了。"马先生这一课这样开始，"在上次讲正比例时，我们曾经说过这样的例：一个数和它的平方数，1 和 1、2 和 4、3 和 9、4 和 16……都是同时变大、变小，但它们不成正比例。你们试把它画出来看看。"

抛物线

真是碰钉子！我用横线表示数，纵线表示平方数，先得 A、B、C、D 四点，依次表示 1 和 1、2 和 4、3 和 9、4 和 16，它们不在一条直线上。这还有什么办法呢？我索性把表示 5 和

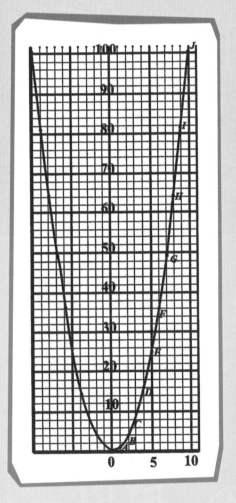

图 31

90

25、6 和 36、7 和 49、8 和 64、9 和 81、10 和 100 的点 *E*、*F*、*G*、*H*、*I*、*J*，都画了出来。真糟！简直看不出它们是在一条什么线上！

问题本来很简单，只是这些点好像是在一条弯曲的线上，是不是？成正比例的数或量，用点表示，这些点就在一条直线上。为什么不成正比例的数或量，用点表示，这些点就不在一条直线上呢？

对于这个问题，马先生说，这种说法是对的。他又说，本题的曲线，叫作抛物线。本来左边还有和它成线对称的一半，但在算术上用不到它。

双曲线

"现在，我们谈到反比例的问题了，且来举一个例子看。"马先生说。

这个例子是周学敏提出的：三个人十六天做完的工程，六个人几天做完？

不用说，单凭心算，我也知道只要八天。

马先生叫我们画图。我用纵线表示日数，横线表示人数，得 A 和 B 两点，把它们连成一条直线。奇怪！这条纵线和横线交在 9，明明是表示 9 个人做这工程，就不要天数了！这成什么话？哪怕是很小的工程，由十万人去做，也不能不费去一点儿时间呀！又碰钉子了！我正在这样想，马先生似乎已经察觉到我正在受窘，向我这样警告："小心呀！多画出几个点来看。"

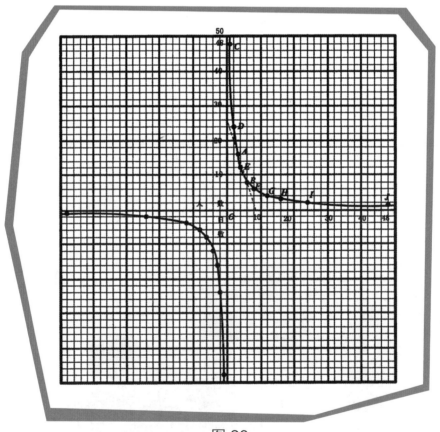

图 32

我就老老实实地，先算出下面的表，再把各个点都记出来：

人数	1	2	3	4	6	8	12	16	24	48
日数	48	24	16	12	8	6	4	3	2	1
点	C	D	A	E	B	F	G	H	I	J

还有什么可说呢？C、D、E、F、G、H、I、J 这八个点，就没有一个点在直线 AB 上。——它们又成一条抛物线了，我想。

但是，马先生说，这和抛物线不一样，它叫双曲线。他还说：

假如我们画图的纸是一个方方正正的田字形，纵线是田字中间的一竖，横线是田字中间的一横，这条曲线只在田字的右上一个方块里，那么在田字左下的一个方块里，还有和它成点对称的一条。原来抛物线只有一条，双曲线却有两条，田字左下方块里一条，也是算术里用不到的。

虽然碰了两次钉子，也多知道了两种线，倒也合算啊！

"无论是抛物线或双曲线，都不是单靠一把尺子和一个圆规能够画出来的。关于这一类问题，现在要用画图法来解决，我们只好宣告无能为力了！"马先生说。

指数曲线

停了两分钟，马先生又提出下面的一个题，叫我们画：

2 的平方是 4，立方是 8，四方是 16……用线表示出来。

马先生今天大概是存心捉弄我们，这个题的线，我已知道不是直线了。我画了 A、B、C、D、E、F 六点，依次表示 2 的一方 2、平方 4、立方 8、四方 16、五方 32、六方 64。果然它们不在一条直线上，但连接它们所成的曲线，既不像抛物线，又不像双曲线，不知道又是一种什么宝贝了！

图 33

我们原来都只画 OY 这条纵线右边的一段，左边拖的一节尾巴，是马先生加上去的。马先生说，这条尾巴可以无限拖长，越长越和横线相近，但无论怎样，永不会和它相交。在算术中，这条尾巴也是用不到的。

这种曲线叫指数曲线。

"要表示复利息，就用得到这种指数曲线。"马先生说，"所以，要用老方法来处理复利息的问题，也只有碰钉子了。"马先生还画了一张表示复利息的图给我们看。它表出本金100元，一年一期，10年中，年利率2厘、3厘、4厘、5厘、6厘、7厘、8厘、9厘和1分的各种利息。

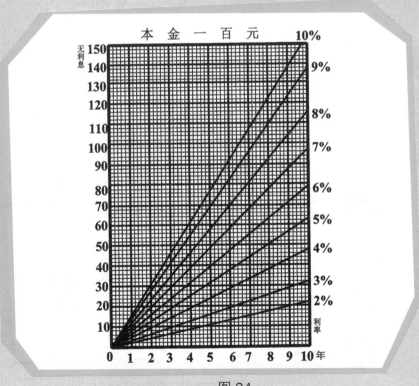

图 34

27 大半不可能的复比例

关于这类题目，马先生说，有大半是不能用作图法解决的，这当然毫无疑问。反比例的题，既然已不免碰钉子，复比例中，含有反比例的，自然此路不通了。再说，这也是显而易见的，就是不含有反比例，复比例中总含有三个以上的量，倘若不能像第十二节中（归一法的例），化繁为简，那也就手足无措了。

不过复比例中的题目，有时，我们不大想得通，所以请求马先生不用作图法解也好，给我们一些指示。马先生答应了我们，叫我们提出问题来。以下的问题，全是我们提出的。

同一件事，24 人合做，每日做 10 时，15 日可做完；60 人合做，每日少做 2 时，几日可做完?

一个同学提出这个题来的时候，马先生想了一下，说："我知道，你感到困难是因为这个题目转了一个小弯儿。你试将题目所给的条件，同类的一一对列起来看。"

他依马先生的话，列成下表：

人数	每日做的时熟	日数
24	10	15
60	少 2	?

"由这个表看来，有多少数还不知道?"马先生问。

"两个，第二次每日做的时数和日数。"他答道。

嘻嘻，我们给马先生出个题吧。

"问题的关键就在这一点。"马先生说，"一般的比例题，都是只含有一个未知数的。但你们要注意，比例所处理的都是和两个数量的比有关的事项。在复比例中，只不过有关的比多几个而已。所以题目中若含有和比无关的条件，这就超出了范围，应当先将它处理好。即如本题，第二次每日做的时数，题上说的是少 2 时，就和比没有关系。第一次，每日做 10 时，第二次每日少做 2 时，做的是几时？"

"10 时少 2 时，8 时。"周学敏回答。

这样一来，当然毫无疑问了。

$$
\left.
\begin{array}{l}
\text{反} \quad 60\text{人}：24\text{人} \\[2em]
\text{反} \quad 8 \text{ 时}：10 \text{ 时}
\end{array}
\right\} = 15\text{日}：x\text{日}
$$

$$
\therefore x^{日} = \frac{15^{日} \times 24 \times 10}{60 \times 8} = 7\frac{1}{2}^{日}
$$

●例二

一本书原有 810 页，每页 40 行，每行 60 字。若重印时，每页增 10 行，每行增 12 字，页数可减少多少？

这个问题，虽然表面上看起来复杂一点儿，但实际上和前例是一样的。莫怪马先生听见另一个同学说完以后，露出一点儿轻微的不愉快了。马先生叫他先找出第二次每页的行数——40 加 10，是 50——和每行的字数——60 加 12，是 72——再求第二次的页数。

要求可减少的页数，这当然不是比例的问题，810 页改成 540 页，可减少的是 270 页。

$$\left.\begin{array}{l} \text{反} \quad 50\text{行}：40\text{行} \\[10pt] \text{反} \quad 72\text{字}：60\text{字} \end{array}\right\} = 810\text{页}：x\text{页}$$

$$\therefore x^{\text{页}} = \frac{810^{\text{页}} \times 40 \times 60}{50 \times 72} = 540^{\text{页}}$$

●例三

从 A 处到 B 处，一般情况下 6 时可到。现在将路程减四分之一，速度增加 1/2 倍，什么时候可到达？

速度加 $\frac{1}{2}$ 倍

路程减 $\frac{1}{4}$

A   B

? 时

　　这个题, 从前我不知从何下手, 做完前两个例题后, 现在我已懂得了。虽然我没有向马先生提出, 也附记在这里。

　　原来的路程, 就算它是 1, 后来减四分之一, 当然是 $\frac{3}{4}$。

　　原来的速度也算它是 1, 后来增加 $\frac{1}{2}$ 倍, 便是 1 又 $\frac{1}{2}$。

$$\because \left. \begin{array}{ll} 正 & 1 : \frac{3}{4} \\[2mm] 反 & 1\frac{1}{2} : 1 \end{array} \right\} = 6时 : x时$$

$$\therefore x 时 = 3 时$$

狗走 2 步的时间，兔可走 3 步；狗走 3 步的长，兔需走 5 步。狗 30 分钟所走的路，兔需走多少时间？

"这题的难点。"马先生说，"只在包含时间——步子的快慢——和空间——步子和路的长短——但只要注意判定正反比例就行了。第一，狗走 2 步的时间，兔可走 3 步，哪一个快？"

"兔快。"一个同学说。

"那么，狗走 30 分钟的步数，让兔来走，需要多长时间？"

"少些！"周学敏回答。

"这是正比例还是反比例？"

"反比例！步数一定，走的快慢和时间成反比例。"王有道说。

"再来看，狗走 3 步的长，兔要走 5 步。狗走 30 分钟的步数，兔走的话时间怎样？"

"要多些。"我回答。

"这是正比例还是反比例？"

"反比例！距离一定，步子的长短和步数成反例，也就同时间成反例。"还是王有道回答的。

这样就可得：

$$
\left.\begin{array}{ll}
反 & 3 : 2 \\
\\
反 & 3 : 5
\end{array}\right\} = 30分 : x分
$$

$$
\therefore x^分 = \frac{30^分 \times 2 \times 5}{3 \times 3} = 33\frac{1}{3}^分
$$

•例五

　　牛车、马车运输力量的比为 8 : 7，速度的比为 5 : 8。以前用牛车 8 辆，马车 20 辆，于 5 日内运 280 袋米到 1 里半的地方。现在用牛、马车各 10 辆，于 10 日内要运 350 袋米，求能运的距离。

这题是周学敏提出的，马先生问他："你觉得难点在什么地方？"

"有牛又有马，有从前运输的情形，又有现在运输的情形，关系比较复杂。"周学敏回答。

"你太执着了，为什么不分开来看呢？"马先生接着又说，"你们要记好两个基本原则：一个是不相同的量不能相加减；还有一个是不相同的量不能相比。本题就运输力量来说有牛车又有马车，既然它们不能并成一个力量，也就不能相比了。"停了一阵，他又说：

"所以这个题，应当把它分成两段看：'牛车、马车运输力量的比为 8 ∶ 7，速度的比为 5 ∶ 8。以前用牛车 8 辆，马车 20 辆；现在用牛、马车各 10 辆'这算一段。又从'以前用牛车 8 辆'，到最后又算一段。现在先解决第一段，变成都用牛车或马车，我们就都用牛车吧。马车 20 辆和 10 辆各合多少辆牛车？"

这比较简单，力量的大小与速度的快慢对于所用的车辆都是成反比例的。

$$\left.\begin{array}{c} 8 ∶ 7 \\ \\ 5 ∶ 8 \end{array}\right\} = 20\text{辆} ∶ x\text{辆}$$

$$\therefore 20 \text{ 辆马车的运输力} = \frac{20 \times 7 \times 8}{8 \times 5} = 28 \text{ 辆牛车的运输力；}$$

10 辆马车的运输力 =14 辆牛车的运输力。

我们得出这个答数后，马先生说："现在题目的后一段可以改个样：——以前用牛车 8 辆和 28 辆……现在用牛车 10 辆和 14 辆……"

当然，到这一步，又是笨法子了。

$$
\left.
\begin{array}{l}
正 \quad (8+28)辆 \ : \ (10+14)辆 \\[2mm]
正 \qquad\quad 5日 : 10日 \\[2mm]
反 \qquad 350袋 \ : \ 280袋
\end{array}
\right\} = 1\frac{1}{2}里 : x里
$$

$$
x^{里} = \frac{1\frac{1}{2}^{里} \times (10+14) \times 10 \times 280}{} = \frac{\frac{3}{2}^{里} \times 24 \times 10 \times 280}{}
$$

• 例六

大工 4 人，小工 6 人，工作 5 日，工资共 51 元 2 角。后来有小工 2 人休息，用大工一人代替，工作 6 日，工资共多少？（大工一人 2 日的工资和小工一人 5 日的工资相等。）这个题的情形和前题一样，是马先生出给我们算的，大概是要我们重复一次前题的算法吧！

先就工资说，将小工化成大工，这是一个正比例：

$$5^{日}:2^{日}=6^{人}:\chi^{人}, \ \chi^{人}=\frac{12^{人}}{5}$$

这就是说 6 个小工，1 日的工资和 12 个大工 1 日的工资相等。后来少去 2 个小工只剩 4 个小工，他们的工资和 5 个大工的相等，由此得：

正　　 $(4+\frac{12}{5})$ 大工 ：$(4+\frac{8}{5}+1)$ 大工

正　　　　　　　 5 ： 6 $\Bigg\}=51.2元：x元$

$$x=\frac{51.2^{元}\times\left(4+\frac{8}{5}+1\right)\times 6}{\left(4+\frac{12}{5}\right)\times 5}=\frac{51.2^{元}\times\frac{33}{5}\times 6}{\frac{32}{5}\times 5}$$

$$=\frac{51.2^{元}\times 33\times 6}{32\times 5}=63.36^{元}$$

复比例一课就这样完结，我已知道好几个应注意的事项。